解析家装
密码 背景墙

主编　王明善　金长明

辽宁科学技术出版社
·沈 阳·

本书编委会

主　编：王明善　金长明
副主编：张　妍　刘　岩
编　委：韩　智　关诗超　田　单　姜　琳　蒋　明　陈斯佳
　　　　曲　昂　路涛宁　路均程　赵　一　罗爱军　郭媛媛

图书在版编目（CIP）数据

解析家装密码. 背景墙／王明善，金长明主编. —沈
阳：辽宁科学技术出版社，2014.9
ISBN 978-7-5381-8657-4

Ⅰ. ①解…　Ⅱ. ①王…　②金…　Ⅲ. ①住宅—装
饰墙—室内装修—建筑设计—图集　Ⅳ. ①TU767-64

中国版本图书馆CIP数据核字（2014）第113262号

出版发行：辽宁科学技术出版社
　　　　　（地址：沈阳市和平区十一纬路29号　邮编：110003）
印 刷 者：沈阳天择彩色广告印刷股份有限公司
经 销 者：各地新华书店
幅面尺寸：215 mm × 285 mm
印　　张：4
字　　数：250 千字
出版时间：2014 年 9 月第 1 版
印刷时间：2014 年 9 月第 1 次印刷
文案编辑：王羿鸥
责任编辑：郭媛媛
封面设计：沈阳熙云谷品牌设计（顾问）有限公司
责任校对：李　霞

书　　号：ISBN 978-7-5381-8657-4
定　　价：23.80 元

投稿热线：024-23284356　23284369
邮购热线：024-23284502
E-mail: purple6688@126.com
http://www.lnkj.com.cn

解析家装 密码

目 录
CONTENTS

设计/万显波

珠帘　　　　　　　　　　　　　　　　　　几何图案壁纸

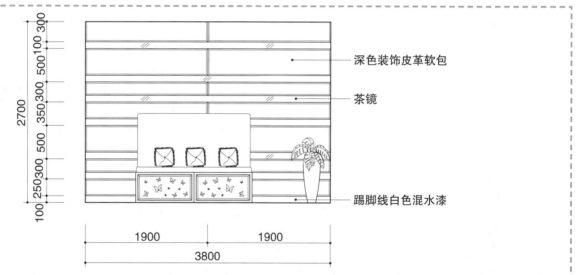

深色装饰皮革软包

茶镜

踢脚线白色混水漆

2700

300 100 500 300 350 500 350 300 500 250 300 100

1900　　　　1900

3800

设计/李凯

设计/尚津泉

■ 背景墙考虑的三个要点

（1）考虑客厅用途

在设计客厅背景墙之前，应该考虑好客厅的用途是什么，因为它将决定怎样设计客厅背景墙。如果客厅主要用于电视和阅读，那么电视背景墙可以选择简洁、耐用的电视组合柜，但是不要选择尺寸较大的组合柜，会使空间显得更加拥挤；如果考虑做视听效果的客厅背景墙，主要在材料和施工布线上做足功课，并要给音响和功放留出足够的空间。

（2）考虑统一的风格

电视背景墙作为整个家居的一部分，自然会抓住大部分人的视线。但是绝对不能为了单纯地突出个性，让电视背景墙与整体的居室空间产生强烈的冲突。背景墙应与其周围的风格融为一体，运用细节化、个性化的处理让背景墙融入整体空间。

（3）考虑灯光的高度

电视背景墙一般与顶面的局部顶棚相呼应，顶棚上一般都有射灯，所以要考虑墙面造型与灯光相呼应，但是不要用强光照射电视机，避免引起视觉疲劳。如果墙壁安放壁灯，以视平线稍高的位置最为理想。

设计/瑞家装饰　王志伟

设计/大连金世纪装饰　鲁倍宁

设计/孙豪

设计/鹏珵设计

设计/侯学坤

烤漆玻璃　　　壁纸　　　　　　　烤漆玻璃

设计/奉泉装饰

石膏造型刷乳胶漆

设计/贾建新

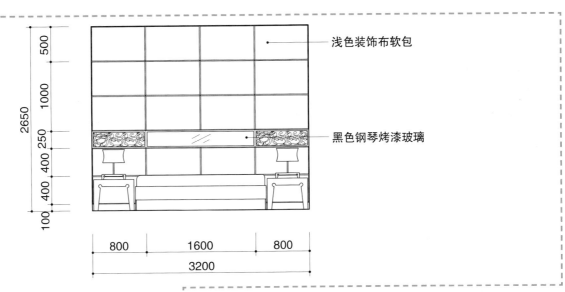

浅色装饰布软包

黑色钢琴烤漆玻璃

设计 / 尚成室内装饰设计有限公司

设计 / 欧建书

设计 / 才龙

设计 / 邯郸恩图设计　常晋安

装饰大理石　　装饰皮革软包　　　　浅色乳胶漆墙面

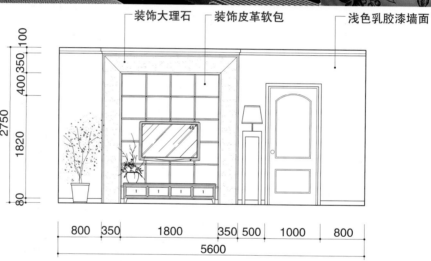

100
350
400
2750
1820
80

800　350　　1800　　350　500　　1000　　800
5600

设计 / 朱王凡

设计 / 陈斌

设计 / 刘勇

设计 / 陈斌

设计 / 王峰

木作造型刷混油吧台

客厅装修的流行趋势

（1）简约实用

家具及主体墙面的装饰构造以直线或曲线形态的几何形为主，不再使用繁琐的细部线条，装饰风格整体上趋向于简洁实用，注重功能性。例如，电视背景墙的功能是缓解人在看电视之余的视觉疲劳，其造型和色彩相对于电视画面均较缓和，灯光暗淡不易产生眩光；又如包门窗套的装饰线条逐渐变窄，其功能只是保护门窗框边角不受磨损，而不再使用过去宽厚繁琐的木纹线条。

（2）可持续性发展

家居空间无论在固定隔断上，还是在装饰造型上。都具有可随时更新再利用的余地。客厅、餐厅、卧室、书房等功能区的划分并不是一成不变的。可持续性发展可为彼此之间的弹性利用留有余地。例如，地处闹市中心的一套三室两厅住宅居住使用 3 ~ 5 年后可能会出租成为商业写字间，电视背景墙的造型也可以稍加调整，随之变为公司企业的形象牌等。

（3）清新环保自然

在功能空间划分中考虑南北通风流向，保证室内空气流通顺畅。在设计、材料和施工上凡是有利于环保、减少污染的都应被广泛采用。适当使用纯自然的麻、棉、毛、草、石等装饰材料，让人产生贴近自然的感受。

（4）具有高科技含量

现代装修应该迎合信息化时代的发展，尤其是现代人对信息、网络的依赖性增大，在装修中应考虑到各功能区网线、电话线、音响线、监视器数据线的设置安装。此外，在家具、地板、吊顶、墙面材料上应该与时尚接轨，采用正在流行或即将出现的新产品、新工艺来满足新时代的生活方式。

设计 / 张强

设计 / 卜什

设计 / 彭晓波

设计 / 王向华

设计 / 李丽娜

设计 / 孙锋

设计 / 张思文

石膏造型刷乳胶漆　横条纹壁纸

设计 / 陈斌

木作造型刷混油　　　　　　装饰壁纸

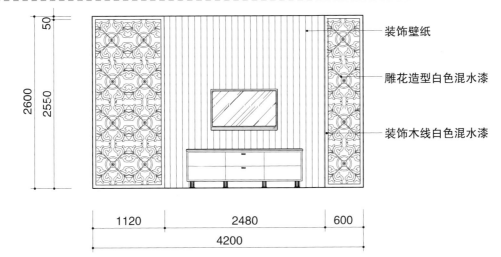

装饰壁纸

雕花造型白色混水漆

装饰木线白色混水漆

50
2600
2550

1120　　　2480　　　600
4200

设计 / 李岩

设计 / 邵士杰

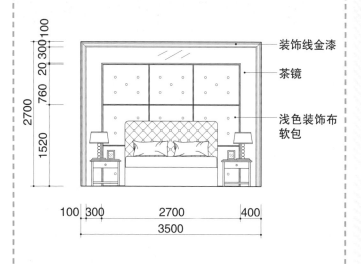

装饰线金漆

茶镜

浅色装饰布软包

▦ 布置沙发墙的两个技巧

（1）沙发墙不宜直射灯

在客厅里，沙发范围的光线较弱，不少人会在沙发顶上安放灯饰，例如藏在天花板上的筒灯，或显露在外的射灯等。这时要注意的是，避免灯光从头顶直射下来。从环境设计而言，沙发头顶有光直射，往往会令人情绪紧张，头晕目眩，坐卧不宁。如果将灯改射向墙壁，则可缓解。

（2）沙发照片墙的布置

如果你摆放在客厅的照片都是关于不好的回忆，那么可能会激发消极的气场，让你停驻在过去无法前行。所以，在客厅只可摆放让你感到愉快的照片，至于其他的，把它们收进盒子里或者夹到相册里去吧。

设计 / 徐柯

设计 / 付佳兴

设计 / 江新启

设计 / 杨志宝

木纹饰面版　　　　　复合地板

设计 / 付佳兴

石膏造型墙

木作造型混饰面　　　　　　　乳胶漆

设计 / 刘晓会

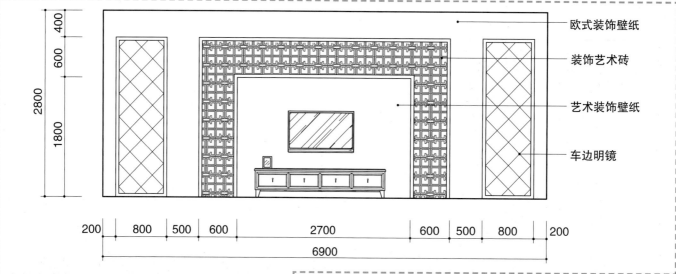

欧式装饰壁纸

装饰艺术砖

艺术装饰壁纸

车边明镜

400　600　2800　1800

200　800　500　600　2700　600　500　800　200

6900

设计 / 杨飞

设计 / 彭晓波

设计 / 杨军

设计 / 张强

▣ 客厅空间摆放植物有讲究

客厅空间不大应谨慎选择植物类型，如利用吊篮与蔓垂性植物，可以使过高的房间显得低些；较低矮的房间则可利用形态整齐、笔直的植物使室内看起来高些；叶小，枝条呈拱形伸展的植物，可使房间显得比实际面积更宽；而形态复杂，色彩多变的观叶植物可以使单调的房间更丰富，给客厅赋予宽阔、舒畅的感觉。

此外，大家需要注意的是，并不是所有的植物都适合摆放在家中，通常有刺的或呈针状的，如杜鹃、玫瑰、仙人掌等就不适宜摆放在家中。我们可选择一些枝叶茂盛的植物，颜色以青绿为上选，有花朵的亦可。品种有紫罗兰、万年青、龙骨等，这些植物可使家人活力充沛，工作有魄力。

设计 / 袁野

木纹饰面板　　　密度板雕花压银镜　　　　　　壁纸　　银镜

设计 / 许芳明

设计 / 张喆赫

密度板雕花压烤漆玻璃　　　大理石　　　　成品石膏线　　欧式壁纸　　　　混纺地毯

设计 / 陈毛豪

设计 / 王立世

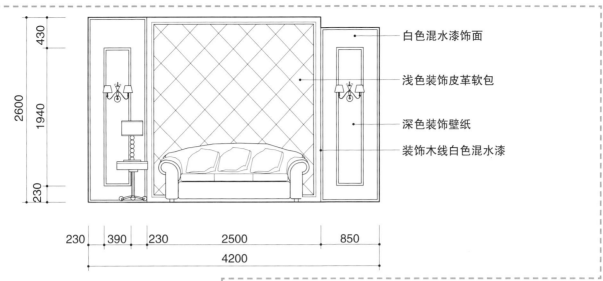

白色混水漆饰面

浅色装饰皮革软包

深色装饰壁纸

装饰木线白色混水漆

2600
430
1940
230

230 390 230 2500 850
4200

设计 / 张喆赫

设计 / 君悦设计工作室

设计 / 王海兵

砖纹壁纸　　　　仿古瓷砖　　　吸塑柜门

设计 / 鸿扬家装　王志坚

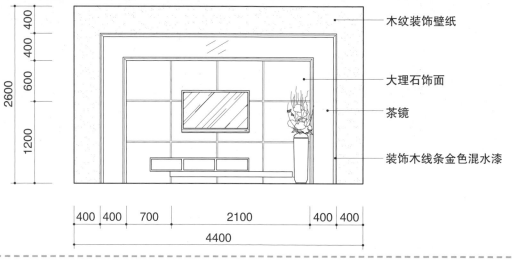

木纹装饰壁纸

大理石饰面

茶镜

装饰木线条金色混水漆

打造隔断墙有三招

（1）砌一堵中心是砖两边用水泥抹平的墙。隔断墙一定要砌到顶部，然后再打通风管道或其他走线需要的孔洞。一定要注意管路的密封问题，否则容易引起串音现象。

（2）选择隔声墙板，这是一种专业的隔声材料，其两边为金属板材，中间是具有隔声作用的发泡塑料，这种墙板厚度越大隔声效果就越好。

（3）采用轻钢龙骨石膏板，内部填充矿棉或珍珠岩，最好在石膏板的外面再附加一层硬度比较高的水泥板，可以增强隔声效果。但是要注意施工工艺问题，有缝隙处一定要密封，尤其是暖气管等穿墙口必须封闭。

设计 / 万显波

设计 / 王海兵

设计 / 柯与陈

设计 / 许芳明

设计 / 许芳明

设计 / 博洛尼装饰　谷长美

设计 / 刘闯

设计 / 廉旭

设计 / 赵广

设计 / 刘青清

设计 / 李嘉

设计 / 戚龙

设计/安晓冬

设计/安晓冬

乳胶漆　　　　　　　　　　壁纸　　　　　　　　　欧式壁纸　　　　　　烤漆玻璃

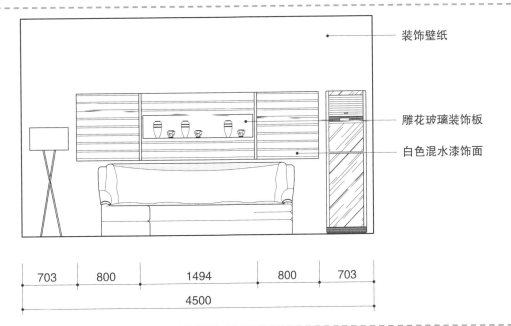

935
830
935
2700

装饰壁纸

雕花玻璃装饰板

白色混水漆饰面

703　800　1494　800　703
4500

设计/樊海鑫

设计/张强

设计 / 泉港华田装饰设计

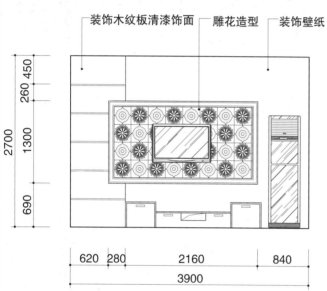

装饰木纹板清漆饰面　　雕花造型　　装饰壁纸

2700

450
260
1300
690

620　280　　2160　　840

3900

■ 防止墙壁不隔声的四点建议

（1）在保留原有的墙壁情况下，增加一堵隔声墙。需要在原有墙的基础上新加几根立柱，构成一堵里面填充玻璃纤维的隔声墙，因为是双层墙，隔声性能非常好。但是这样做会使房间的宽度减少数厘米，如果室内面积不大，最好不要采用这种做法。

（2）如果房间临街，可以在靠马路一侧的墙上加一层纸面石膏板，墙面与石膏板之间用吸声棉填充，然后再在石膏板上粘贴墙纸或涂刷墙面涂料。

（3）提高窗户和门的隔声效果。窗户可以采用双层窗的结构。门可以选择双层防盗门，隔声效果较好。

（4）书房一定要做好隔声。在装修书房时要选用吸声效果好的装饰材料，如顶棚采用吸声石膏板吊顶，墙壁采用 PVC 吸声板或软包装饰布等，地面采用吸声效果佳的地毯，窗帘要选择较厚的材料等，都可以在一定程度上阻隔外界的噪声。

设计 / 马强

设计 / 才龙

设计 / 赵广

设计 / 赵广

烤漆玻璃　银镜　　　　　　　木作混油饰面　　　　　　　艺术玻璃　　　　欧式壁纸　　　　　　　地毯

设计 / 刘闯

设计/钟方甲

中式实木花格　　　　　　　　　　　　实木楼梯　　　　砖纹壁纸

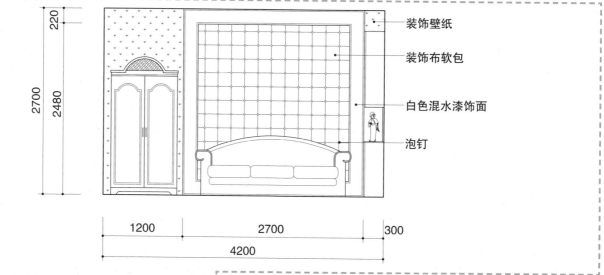

装饰壁纸

装饰布软包

白色混水漆饰面

泡钉

220
2700
2480

1200　　　2700　　　300
4200

设计/刘鑫

设计/李丽娜

设计 / 廉旭

背景墙如何摆放装饰品

背景墙不宜挂颜色太深或者黑色过多的图画，这种图画看上去令人有沉重感，易使人意志消沉、悲观和做事缺乏冲劲，也不宜挂绘有凶猛野兽的图画，像老虎、鹰等，这些猛兽的挂图易让人情绪冲动，处理事情时不计较后果。

在背景墙边摆龙或麒麟都是不错的选择。龙是风水中具有万能作用的吉祥物，对任何方面的运势均有提升作用，特别是财运方面，若与水结合使用则效果更佳。另外，也可在客厅里摆麒麟，麒麟是具有消灾解难能力的神兽，是和平的象征。将麒麟摆设在视听墙边上，可以给家中带来安定平和。

设计 / 彭晓波

设计 / 吴献文

设计 / 钟方甲

照片墙　　木作隔断刷混油　　　　　　　　　　　　　　大理石

设计 / 王子涵

设计 / 杨文辉

大理石　　　　　成品石膏线　　　　皮质软包　　　　　铁艺　　密度板雕花刷白色混油　　　欧式壁纸

设计 / 徐柯

设计 / 孙豪

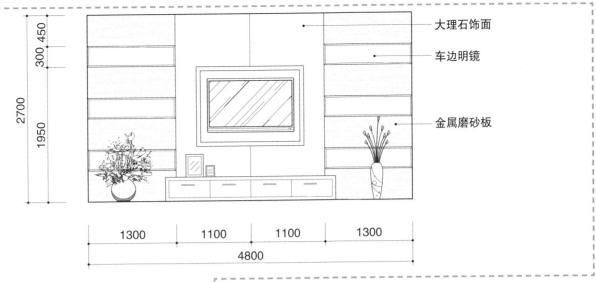

大理石饰面

车边明镜

金属磨砂板

设计 / 石家庄尚·品设计工作室

二 设计 / 温永新

设计 / 柯与陈

设计 / 袁野

装饰壁纸

陶瓷砖

成品石膏线

设计 / 王智杰

设计 / 孙豪

设计 / 项华生

设计 / 陈毛豪

■■ 选购沙发的五个技巧

（1）看沙发骨架是否结实，这关系到沙发的使用寿命和质量保证。具体方法是抬起三人沙发的一头，注意当抬起部分离地10cm时，另一头的腿是否离地，只有另一边也离地，检查才算通过。

（2）看沙发的填充材料的质量。具体方法是用手去按沙发的扶手及靠背，如果能明显地感觉到木架的存在，则证明此套沙发的填充密度不高，弹性也不够好。轻易被按到的沙发木架也会加速沙发外套的磨损，降低沙发的使用寿命。

（3）检验沙发的回弹力。具体方法是让身体呈自由落体式坐在沙发上，身体至少被沙发坐垫弹起2次以上，才能确保此套沙发弹性良好，并且使用寿命长。

（4）注意沙发细节处理。打开配套抱枕的拉链，观察并用手触摸里面的衬布和填充物；抬起沙发看底部处理是否细致，沙发腿是否平直，表面处理是否光滑，腿底部是否有防滑垫等细节部分。好的沙发在细节部分品质也同样保持精致。

（5）用手感觉沙发表面，是否有刺激皮肤的现象，观察沙发的整体各部分面料颜色是否均匀，各接缝部分是否结实平整，做工是否精细。

设计 / 周翔

中式花格　　　　　　木纹饰面板

设计 / 君悦设计工作室

设计 / 君悦设计工作室

设计 /1979——新锐、国际、时尚的品牌家居顾问设计公司

设计 / 廉旭

设计 / 钟方甲

设计 / 沈阳方林　刘宏亮

设计 / 赵广

设计 / 刘晓会

乳胶漆　　　　　　　　　照片墙　　　　　　密度板雕刻刷白色混油　　　　珠帘

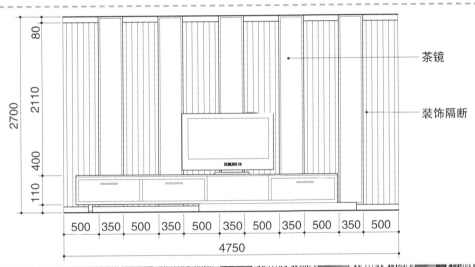

茶镜

装饰隔断

2700 | 80 | 2110 | 400 | 110

500 | 350 | 500 | 350 | 500 | 350 | 500 | 350 | 500 | 350 | 500

4750

设计 / 许芳明

设计 / 卜什

■■ 隔墙施工中内管线和保温材料的施工方法

　　隔墙墙体内需穿电线时，竖龙骨制品一般设有穿线孔，电线及其PVC管通过竖龙骨上H形切口穿插，同时，装上配套的塑料接线盒以及用龙骨装置成配电箱等。墙体内要求填塞保温绝缘材料时，可在竖龙骨上用镀锌钢丝绑扎或用胶黏剂、钉件和垫片等固定保温材料。

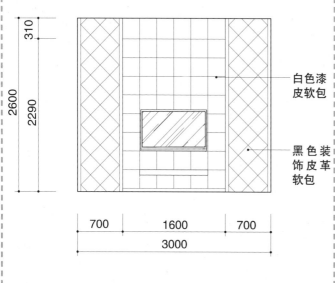

白色漆皮软包

黑色装饰皮革软包

310
2600
2290

700　1600　700
3000

设计 / 付艳超

设计 / 杨乐乐

装饰画　　烤漆玻璃　　　　珠帘　　　　　　　木纹饰面板　　　　　银镜

设计 / 大连金世纪装饰 张新

设计 / 大连金世纪装饰 张新

实木复合地板　　　　　　　壁纸

设计 / 张强

设计 / 张旭龙

密度板雕刻压烤漆玻璃

设计 / 万显波

木纹饰面板　　　　　　　　皮质软包　　　　　　　　欧式壁纸

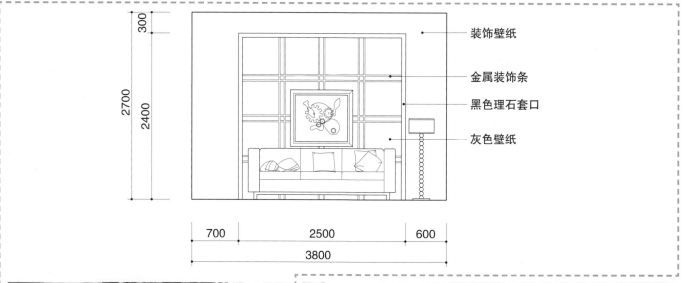

300

2700

2400

装饰壁纸

金属装饰条

黑色理石套口

灰色壁纸

700　　　2500　　　600

3800

设计 / 任丽娟

设计 / 沙建磊

▦ 隔墙施工中安装通贯龙骨、横撑的方法

当隔墙采用通贯系列龙骨时，竖龙骨安装后装设通贯龙骨，在水平方向从各条竖龙骨的贯通孔中穿过。在竖龙骨的开口面用支撑卡做稳定并锁闭此处的敞口。根据施工规范的规定，低于3m的隔墙应安装一道通贯龙骨，3～5m的隔墙应安装两道。装设支撑卡时，卡距应为400～600mm，距离龙骨两端应为20～25mm。对非支撑卡系列的竖龙骨，通贯龙骨的稳定可在竖龙骨非开口面采用角托，以抽芯铆钉或自攻螺钉将角托与竖龙骨连接并托住通贯龙骨。

设计/赵广

设计/陈国强

设计/王智杰

设计/邵权

实木地板　　　　　　　　　木纹饰面板

设计 / 牛广亩

设计 / 鹏珵设计

木作混油　　　　　　　烤漆玻璃　　　　　　　　木纹饰面板　　　　　木作隔架

设计 / 付佳兴

设计 / 宋辉

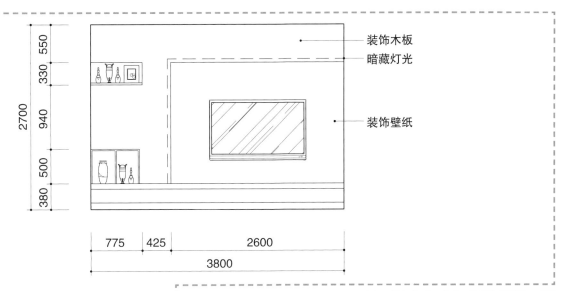

装饰木板
暗藏灯光

装饰壁纸

2700
550
330
940
500
380

775 | 425 | 2600
3800

设计/钟方甲

设计/王海兵

设计/刘闯

烤漆玻璃　　　　　　　　石膏吊顶

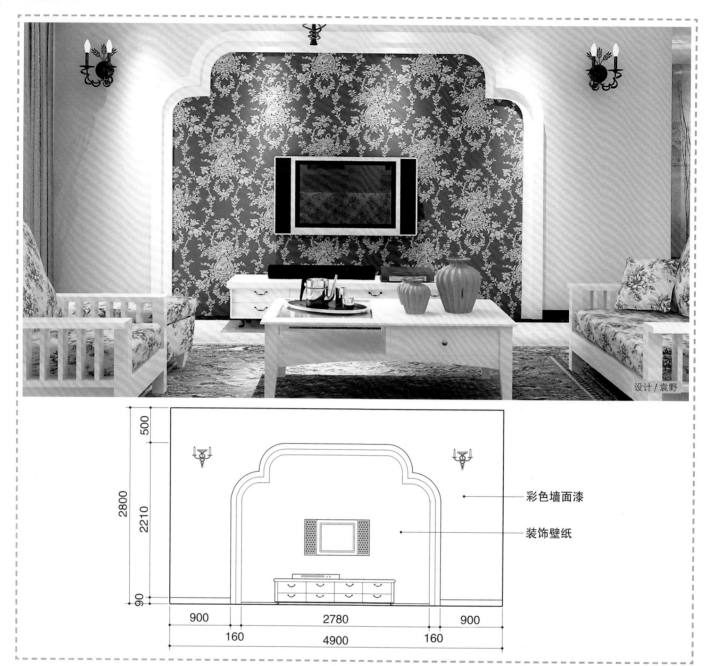

设计 / 袁野

彩色墙面漆

装饰壁纸

500
2800
2210
90
900
160
2780
900
160
4900

设计 / 邵权

设计 / 田来帅

设计 / 孙豪

设计 / 陈毛豪

■ 木龙骨隔墙施工中铺装饰面板的步骤

木骨架通过隐蔽工程验收后方可铺装饰面板。饰面板接触的龙骨表面应刨平、刨直，横竖龙骨接头处必须平整，其表面平整度不得大于3mm，胶合板背面应进行防火处理。用普通圆钉固定时，钉距为80～150mm，钉帽要砸扁，冲入板面0.5～1.0mm。

采用钉枪固定时，钉距为80～100mm；纸面石膏板宜竖向铺设，长边接缝应安装在立筋上。龙骨两侧的石膏板接缝应错开，不得在同一根龙骨上接缝，纤维板如用圆钉固定，钉距为80～120mm，钉长为20～30mm，打扁的钉帽冲入板面0.5mm。硬质纤维板使用前应用水浸透，自然风干后再安装胶合板。纤维板用木条固定时，钉距不应大于200mm。钉帽打扁后冲入木压条0.5～1.0mm，板条隔墙在板条铺钉时的接头，应落在立筋上。其端头及中部每隔一根立筋应用两颗圆钉固定。板条的间隙宜为7～10mm，板条接头应分段交错布置。

设计 / 王峰

铁艺隔断　　　　　　　　石膏吊顶

设计 / 欧高斌

设计 / 杨建国

设计 / 张锐霖

设计 / 郑钊杰

设计 / 彭晓波

设计 / 杨传光

设计 / 柯与陈

设计 / 杨蛟龙

欧式壁纸　　　　　木纹饰面板　　　　　装饰烤漆玻璃　　木作多功能吧台　烤漆玻璃

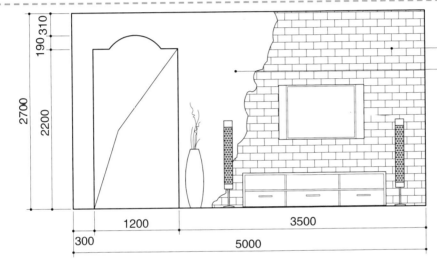

装饰壁纸

塑形石膏板

190 310
2700
2200
1200　　　3500
300
5000

设计 / 李倩倩

设计/赵广

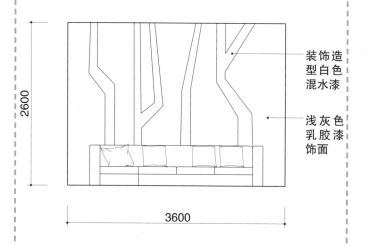

装饰造型白色混水漆

浅灰色乳胶漆饰面

2600

3600

用玻璃砖做隔墙的砌筑方法

首先，按照设计图纸计算使用的砖数。如采用框架，则应先做金属框架，在框架上面砌筑玻璃砖。

每砌一层所用比例为水泥：细砂：水玻璃 =1：1：0.06（质量比）的砂浆，按水平、垂直灰缝10mm，拉通线砌筑，灰缝砂浆应满铺、满挤，在每一层中，将两个直径为6mm钢筋，放置在玻璃砖中心的两边，压入砂浆的中央。并将钢筋两端与边框电焊牢固。每砌完一层后，用湿布将玻璃砖面沾着的水泥浆擦抹干净。

勾缝：玻璃砖砌完后，即进行表面勾缝。先勾水平缝，再勾竖缝，勾缝深浅应一致，表面要平滑，如要求做平缝，可用抹缝的方法将其抹平。在勾缝和抹缝完毕后，抹布或棉纱将砖表面擦抹明亮。

饰边：当玻璃砖墙没有外框时，需要进行饰边处理。饰边通常有木饰边和不锈钢饰边这两种形式。

设计/谭磊

设计 / 魏童

设计 / 优特区 –View

设计 / 刘晓会

设计 / 柯与陈

木作白色混油　　布艺软包　　　　　磨边银镜斜拼　　　　　　　　密度板雕刻刷白色混油

设计 / 黄昆

设计/赵广

壁纸　　　　　　　　　密度板雕刻压茶镜

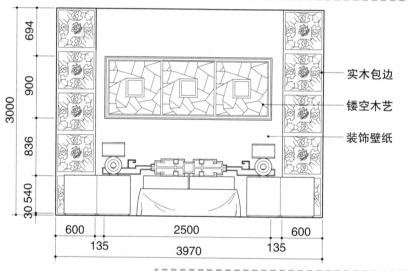

694

900

3000

836

30 540

实木包边

镂空木艺

装饰壁纸

600　　　2500　　　600

135　　　3970　　　135

设计/卜什

设计/王汝长

设计 / 奉泉装饰

设计 / 杨建国

设计 / 陈斌

设计 / 大连金世纪装饰　张新

设计 / 鸿扬家装　王志坚

木作假梁　　　　　　　　实木隔断　　　　　　　　　　　木纹饰面板

设计 / 刘晓会

木作隔断刷白色混油

有框落地玻璃隔墙施工要求

按照铝合金型材骨架框格裁割玻璃。玻璃不能直接嵌入金属下框的凹槽内，应先垫氯丁橡胶垫块，因此裁割尺寸应考虑其垫块的厚度，然后将玻璃安装在框格凹槽内。玻璃装入后，槽两侧要嵌橡胶压条，从两边挤紧，防止玻璃移动，然后在上面注一道硅酮密封胶。密封胶要均匀、饱满，注入深度约5mm，并随手用棉布将余胶抹干净。

设计 / 贾建新

烤漆玻璃

设计 / 刘勇

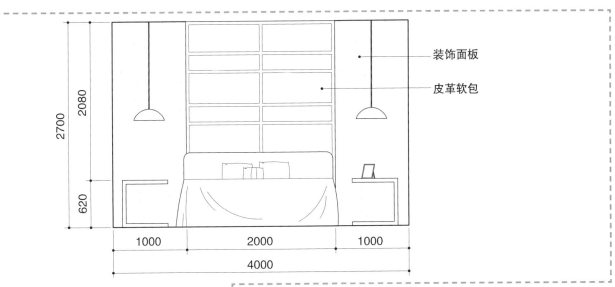

装饰面板

皮革软包

2700
2080
620
1000
2000
1000
4000

设计 / 康德亮

设计 / 刘晓会

设计 / 刘志伟

木作混油书搁架

烤漆玻璃   桑拿板刷清油

设计 / 王兵

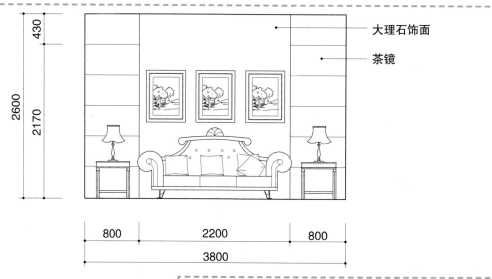

大理石饰面

茶镜

430

2600

2170

800   2200   800

3800

设计 / 王峰

设计 / 陈丽媛

设计 / 张强

设计 / 吴锋

如何辨别木工活的好坏

（1）在做壁柜时还需注明壁柜是否有内侧板和后背板。正规的做法是要有内侧板、后背板及层板，还应刷清漆一遍。

（2）放线找水平工序不能少。如果在施工中无此项工艺，制作出的木器就会出现扭曲变形、歪斜等现象。

（3）木器要用实木收边。一般正规装饰市场内及大的装饰公司都会要求使用实木木线对木器的边口进行封边。因为这样做会令木器在使用中不怕碰撞，且使用年限长久，但这样做的缺点是会出现木线与饰面板的色差。但如果用饰面板收口，不但会禁不起碰撞，还会发生开胶、开裂等现象。

（4）注意木器边角的接缝是否严密。是否有错缝、错口的现象。外观用手抚摸，是否有刮手的现象，而且木器在施工过程中气钉的钉眼不应过大、过密。如果有以上几种情况，会使以后木器的修色、刷漆工作难度增大，最终导致木器的外观有缺陷。

设计 / 刘闯

布饰软包　　　　　　照片墙

设计 / 徐世威

木作隔架

设计 / 刘晓会

壁纸

设计 / 许辉

皮质软包

设计 / 陈毛豪

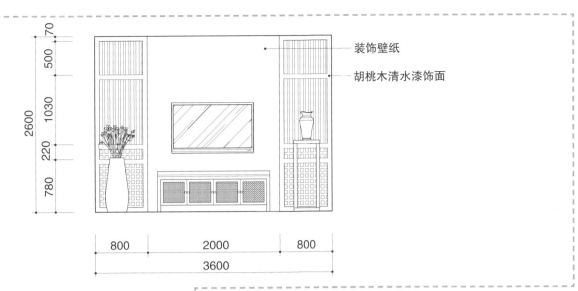

装饰壁纸
胡桃木清水漆饰面

2600
70
500
1030
220
780

800　2000　800
3600

设计 / 周翔

设计 / 王兵

设计 / 王余锋

设计 / 邵权

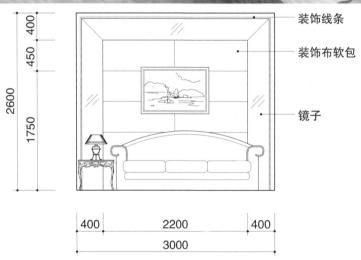

装饰线条

装饰布软包

镜子

400
450
1750
2600

400 2200 400
3000

设计 / 梁青山

设计 / 文健

设计/杨璐帆

设计/王海兵

木工活四点注意事项

（1）板材的使用中，如果出现门的使用，一定要记得穿筋，这样可以防止板材的变形。

（2）对于吊顶等一些地方所用到的木方，使用前最好先刷清漆，这样可以防止木方的老化和气味的扩散，也可以防蛀。

（3）为了避免浪费，有时业主会选择把所有板材都做拼装，这样做看似节俭，但却会影响家具的使用期限。

（4）使用线条的时候要尽量保证色彩的一致性。有时刷完木器的色彩时，会出现线条颜色不一样的现象。施工人员的解释为刷完漆就一样了，可是有些木色是不可能一样的。所以就需要业主事先和施工人员沟通好，看哪些木材会出现此种问题，然后做出相应的应对措施。

设计/田来帅

皮质软包　　　装饰玻璃

设计 / 黎武

设计 / 张强

设计 / 杨志宝

设计 / 张全金

设计 / 樊海鑫

设计 / 兰海亮

设计 / 周扬

设计 / 合肥 101 效果图　赵学平

布饰软包　　　　　木作造型刷混油　　　　　木作刷混油　　　　　地毯

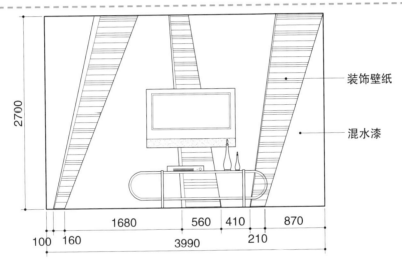

装饰壁纸

混水漆

2700

1680　　　560　410　　870

100　160　　　　　3990　　　210

设计 / 付佳兴

设计 / 谢亮

设计 / 张强

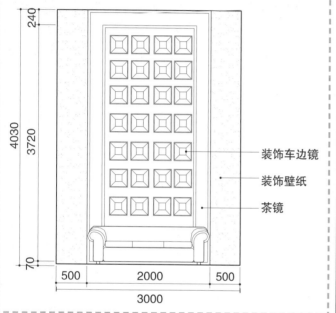

装饰车边镜

装饰壁纸

茶镜

240
4030
3720
70
500   2000   500
3000

设计 / 孙志生

设计 / 杨静平

设计 / 刘青清

设计 / 彭晓波

装饰玻璃

设计 / 吴献文

石膏板造型刷乳胶漆

设计 / 袁野

花纹壁纸

木纹饰面板   布艺软包

设计 / 田来帅

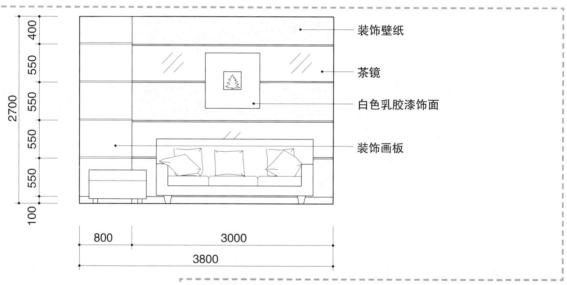

装饰壁纸

茶镜

白色乳胶漆饰面

装饰画板

400
550
550
2700
550
550
100

800   3000
3800

设计 / 谢亮

设计 / 王海兵

设计/黎武

设计/谢路遥

设计/田来帅

设计/张锐霖

设计/刘青清

设计/谭磊

设计/杨传光

成品石膏线　布艺软包　　　　　　　　壁纸

设计/罗玉洪

设计/邵权

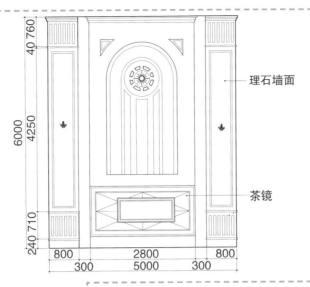

理石墙面

茶镜

设计 / 杨文辉

设计 / 金戈

设计 / 陈毛豪

设计 / 文岩

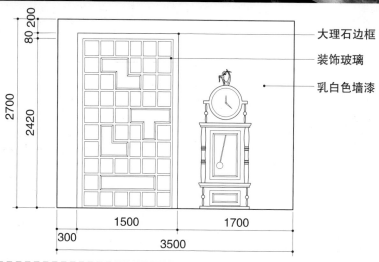

大理石边框

装饰玻璃

乳白色墙漆

80 200

2700

2420

1500   1700

300

3500

设计 / 吴锋

设计 / 周扬

设计 / 钛马赫工作室　卢彦斌

健康住宅的四个标准

（1）客厅、卧室、厨房、卫生间、走廊、玄关等处温度要全年保持在 17 ~ 27℃ 之间。

（2）室内的湿度全年保持在 40% ~ 70% 之间；二氧化碳要低于 1000ppm；悬浮粉尘浓度要低于 $0.5mg / m^2$；噪声要小于 50dB。

（3）有足够的照明环境；一天的日照确保在 3 小时以上。

（4）建筑材料中不含有害挥发性物质。

设计 / 吴晓

设计 / 药波

设计 / 陈毛豪

设计 / 王海兵

设计 / 王海兵

设计 / 杨志宝

设计 / 杨文辉

设计 / 柯与陈

设计 / 付佳兴